La historia de la aviación

Introducción

- Breve descripción de la importancia de la aviación en la historia

La aviación ha sido una de las innovaciones más transformadoras en la historia de la humanidad, cambiando no solo la forma en que viajamos, sino también la manera en que nos conectamos, comunicamos y entendemos el mundo. Desde los primeros sueños de volar hasta el sofisticado entramado de aviación moderna, este campo ha evolucionado y se ha entrelazado con casi todos los aspectos de la vida contemporánea.

Desde tiempos inmemoriales, el deseo de volar ha fascinado a la humanidad. Las historias de Icarus y otras leyendas sobre volar nos hablan del anhelo de trascender las limitaciones de la gravedad, un sueño que persiste en nuestra cultura hasta hoy. Este anhelo se tradujo en la invención de diversas máquinas voladoras a lo largo de la historia, desde los globos aerostáticos del siglo XVIII hasta los diseños de los pioneros del vuelo. La capacidad de elevarse en el aire se convirtió en un símbolo de libertad y progreso, marcando el comienzo de una nueva era.

El siglo XX fue testigo de un avance vertiginoso en la aviación. La invención del avión por los hermanos Wright en 1903 no solo marcó un hito tecnológico, sino que también sentó las bases para una revolución en el transporte y la comunicación. Con el desarrollo de la aviación comercial, las distancias se acortaron drásticamente. Ciudades que antes estaban separadas por semanas de viaje ahora podían ser alcanzadas en cuestión de horas. Este cambio no solo facilitó el turismo y los negocios, sino que también fomentó un sentido de globalización, conectando culturas y economías de una manera sin precedentes.

La aviación también desempeñó un papel crucial en los conflictos bélicos del siglo XX. Durante las dos guerras mundiales, los aviones se convirtieron en herramientas estratégicas, cambiando la naturaleza de la guerra. Los avances tecnológicos impulsados por la necesidad militar llevaron a innovaciones que luego se tradujeron en mejoras en la aviación civil. Así, el mismo campo que sirvió para la destrucción se convirtió en un vehículo para la paz y la cooperación internacional en los años posteriores a la guerra.

A medida que la aviación continuó desarrollándose, también se fue convirtiendo en un importante motor económico. Las aerolíneas generaron millones de empleos y contribuyeron al crecimiento de industrias relacionadas, como el turismo, la logística y la fabricación. En este contexto, el transporte aéreo se consolidó como una parte integral de la economía global, permitiendo a las personas y bienes moverse a niveles jamás imaginados. La creación de redes de transporte aéreo ha tenido un impacto profundo en el comercio internacional, facilitando el intercambio de bienes y servicios a nivel global.

No obstante, la aviación también ha enfrentado desafíos significativos. La seguridad, el impacto ambiental y la sostenibilidad son preocupaciones críticas en la actualidad. La industria ha tomado medidas para reducir su huella de carbono y mejorar la seguridad en el aire, desarrollando tecnologías más limpias y eficientes. Este compromiso con la sostenibilidad es esencial para garantizar que la aviación pueda continuar su papel en el futuro, adaptándose a un mundo cada vez más consciente de su impacto ambiental.

La historia de la aviación es un reflejo de la capacidad humana para innovar, adaptarse y conectar. Desde los primeros intentos de volar hasta la era moderna, la aviación ha cambiado la forma en que interactuamos con el mundo. A medida que nos dirigimos hacia un futuro incierto, el papel de la aviación seguirá siendo vital, desafiándonos a encontrar un equilibrio entre progreso, seguridad y sostenibilidad, y recordándonos que el deseo de volar es, en última instancia, un deseo de libertad y exploración.

Un vistazo a la evolución del vuelo humano

La evolución del vuelo humano es una travesía fascinante que abarca siglos de innovación, experimentación y determinación. Desde los mitos de la antigüedad hasta las complejidades de la aviación moderna, cada etapa de este desarrollo refleja la insaciable curiosidad humana por conquistar el cielo y explorar nuevas fronteras.

Los primeros indicios del deseo de volar se encuentran en las leyendas y mitologías antiguas. Civilizaciones como los griegos, los egipcios y los chinos desarrollaron mitos sobre la posibilidad de volar, inspirándose en la observación de las aves y su capacidad para surcar los cielos. La figura de Icarus, que intentó volar con alas de cera, se ha convertido en un símbolo del anhelo humano de desafiar la gravedad y alcanzar lo inalcanzable. Sin embargo, la realidad del vuelo no comenzó hasta mucho después, con los primeros experimentos serios en el ámbito de la aeronáutica.

En el siglo XV, Leonardo da Vinci realizó estudios sobre el vuelo que sentaron las bases para futuras investigaciones. Sus diseños de máquinas voladoras, aunque nunca construidos, demostraron un entendimiento intuitivo de la aerodinámica y la mecánica del vuelo. A pesar de que estos intentos no resultaron en vuelos exitosos, el ingenio de Da Vinci inspiró a generaciones posteriores de inventores y soñadores.

El siglo XVIII trajo avances significativos en el desarrollo de la aviación con la invención del globo aerostático. En 1783, los hermanos Montgolfier realizaron el primer vuelo tripulado en un globo de aire caliente en Francia. Este evento marcó un hito en la historia del vuelo, ya que fue la primera vez que los humanos lograron elevarse en el aire. A partir de ahí, los globos aerostáticos se convirtieron en una forma popular de exploración aérea, aunque con limitaciones en cuanto al control y la dirección.

La búsqueda de un vuelo más controlado llevó a la experimentación con planeadores. A finales del siglo XIX y principios del XX, pioneros como Otto Lilienthal realizaron vuelos en planeadores diseñados con alas rígidas. Lilienthal, apodado el "hombre pájaro", logró realizar más de 2000 vuelos exitosos, estableciendo principios aerodinámicos fundamentales y demostrando que el vuelo controlado era posible. Su trabajo inspiró a otros inventores, incluidos los hermanos Wright, quienes llevarían la idea de vuelo controlado a nuevas alturas.

El verdadero avance en la aviación ocurrió en 1903, cuando los hermanos Wright lograron el primer vuelo motorizado y controlado en Kitty Hawk, Carolina del Norte. El Flyer, su avión de diseño, voló a una distancia de 36,5 metros en 12 segundos, marcando el comienzo de la era de la aviación moderna. Este logro no solo fue un testimonio de la ingeniería y la innovación, sino también de la perseverancia y la dedicación que caracterizan a los pioneros de la aviación.

A partir de este punto, la evolución del vuelo humano se aceleró. Durante la Primera Guerra Mundial, la aviación militar se desarrolló rápidamente, llevando a la creación de aviones más rápidos y maniobrables. La necesidad de innovaciones para el combate impulsó avances tecnológicos que mejoraron la seguridad y la eficiencia de los vuelos. Al final de la guerra, la aviación civil comenzó a florecer, con la creación de aerolíneas y la introducción de vuelos comerciales regulares en las décadas de 1920 y 1930.

La Segunda Guerra Mundial trajo consigo una nueva ola de innovaciones, incluida la introducción de aviones a reacción que revolucionaron el transporte aéreo. Después de la guerra, el desarrollo de aviones comerciales a reacción permitió que un número cada vez mayor de personas viajara en avión, transformando la aviación en una industria global.

En las últimas décadas, la aviación ha seguido evolucionando, con la llegada de aviones más eficientes, el desarrollo de tecnologías de navegación avanzadas y la creciente preocupación por la sostenibilidad. Aviones como el Airbus A380 y el Boeing 787 Dreamliner son ejemplos de cómo la tecnología ha permitido que los vuelos sean más cómodos y eficientes en términos de combustible. Además, el advenimiento de drones y la exploración del espacio han ampliado aún más la definición de lo que significa volar.

La evolución del vuelo humano es una historia de sueños, innovación y progreso. Desde los mitos de la antigüedad hasta las sofisticadas aeronaves del presente, cada avance ha sido un paso más hacia la realización del deseo humano de conquistar los cielos. A medida que miramos hacia el futuro, la aviación continuará siendo un símbolo de la curiosidad humana y un catalizador para el progreso en la ciencia, la tecnología y la exploración.

Los Primeros Intentos

- ## Icarus y el mito de la aviación en la antigüedad

El mito de Ícaro es una de las historias más fascinantes de la mitología griega, que no solo refleja el deseo humano de volar, sino también las advertencias sobre los peligros de la desmesura y la hubris. La historia de Ícaro y su padre, Dédalo, encapsula la eterna lucha entre la aspiración y la realidad, un tema que ha resonado a lo largo de los siglos y que se puede ver reflejado en los esfuerzos humanos por conquistar los cielos.

Dédalo, un inventor y arquitecto de gran renombre, es conocido por haber diseñado el famoso Laberinto de Creta, donde se mantenía prisionero el Minotauro. Después de ayudar a Teseo a derrotar al monstruo, Dédalo y su hijo Ícaro se encontraron atrapados en la isla de Creta, bajo la vigilancia del rey Minos. Para escapar, Dédalo ideó un ingenioso plan: construir alas de plumas y cera que les permitirían volar y escapar del laberinto.

Antes de emprender su vuelo, Dédalo advirtió a Ícaro que mantuviera un rumbo prudente. Le indicó que no debía volar demasiado bajo, ya que la humedad del mar podría dañar sus alas, ni demasiado alto, pues el calor del sol podría hacer que la cera se derritiera. Sin embargo, la emoción y la ambición de Ícaro lo llevaron a ignorar las advertencias de su padre. Al elevarse en el aire, Ícaro se sintió invencible y, olvidando la prudencia, ascendió cada vez más alto, disfrutando de la libertad del vuelo y del esplendor del cielo.

Pero, como lo había previsto Dédalo, el sol comenzó a calentar la cera de sus alas. En un instante, Ícaro sintió que sus alas se desmoronaban y, sin poder hacer nada, cayó al mar. Este trágico desenlace no solo es un recordatorio de la fragilidad de los logros humanos, sino también de la importancia de la moderación y el respeto por los límites de la naturaleza.

La historia de Ícaro ha sido interpretada de múltiples maneras a lo largo de los siglos. Por un lado, se puede ver como una celebración de la creatividad humana y la capacidad de innovar. La invención de las alas y el acto de volar simbolizan la aspiración de la humanidad hacia lo sublime y lo inalcanzable. El vuelo de Ícaro es, en sí mismo, un acto de desafío y audacia, un reflejo del impulso humano de explorar lo desconocido y alcanzar nuevas alturas.

Sin embargo, el mito también contiene una advertencia sobre los peligros de la arrogancia y la falta de moderación. La desobediencia de Ícaro a las instrucciones de su padre se convierte en una lección sobre las consecuencias de ignorar la sabiduría y la experiencia. Su caída al mar representa el fracaso que puede surgir cuando se traspasan los límites establecidos, un tema que resuena en muchas narrativas mitológicas y literarias.

A lo largo de la historia, el mito de Ícaro ha inspirado a artistas, escritores y pensadores, convirtiéndose en un símbolo perdurable de la relación entre la ambición humana y las realidades de la existencia. En el contexto de la aviación, este mito adquiere un nuevo significado. La aviación representa el cumplimiento del sueño de volar, un deseo que se remonta a los antiguos mitos. Sin embargo, también plantea preguntas sobre los límites éticos y prácticos del avance tecnológico y la responsabilidad que conlleva.

En la actualidad, mientras la humanidad avanza hacia la exploración espacial y el desarrollo de tecnologías de vuelo aún más avanzadas, la historia de Ícaro sigue siendo un recordatorio de que, aunque el deseo de volar es innato y admirable, también debemos tener en cuenta la sabiduría, la precaución y el respeto por las fuerzas que nos rodean. La aspiración a alcanzar nuevas alturas debe ir acompañada de una reflexión sobre los riesgos y las responsabilidades que implica, una lección que se encuentra en el corazón mismo de la historia de Ícaro.

• Los pioneros: Leonardo da Vinci y sus diseños

Leonardo da Vinci, una de las figuras más emblemáticas del Renacimiento, es conocido principalmente por su arte y sus innovaciones en diversas disciplinas, pero su fascinación por el vuelo lo convierte en un pionero en la historia de la aviación. A través de sus estudios sobre la naturaleza y sus numerosos diseños de máquinas voladoras, da Vinci sentó las bases para la comprensión de la aerodinámica y la mecánica del vuelo, anticipándose a los avances que se lograrían siglos más tarde.

Desde joven, Leonardo mostró un interés insaciable por el mundo natural. Su observación detallada de aves y su capacidad para volar lo llevaron a cuestionar cómo los humanos podrían imitar ese fenómeno. En sus cuadernos, Leonardo plasmó una serie de bocetos y notas que revelan su profundo estudio sobre el vuelo, convirtiéndolo en uno de los primeros en abordar la aeronáutica desde un enfoque científico.

Uno de sus diseños más famosos es el del "ornitóptero", una máquina voladora que pretendía imitar el movimiento de las alas de un ave. El ornitóptero se caracterizaba por unas grandes alas que Leonardo imaginaba podrían ser movidas por un piloto a través de un sistema de palancas y cuerdas. Este diseño, aunque no fue construido en su tiempo, revela una comprensión notable de la necesidad de generar sustentación mediante el movimiento de las alas. Da Vinci también exploró la idea de que el vuelo dependía de la forma y la proporción de las alas, conceptos que más tarde serían fundamentales en la aviación moderna.

Además del ornitóptero, Leonardo diseñó el "paracaídas", un concepto innovador que consistía en una estructura de forma piramidal hecha de tela que permitiría a un ser humano descender de alturas considerables sin sufrir daños. Aunque nunca se realizó en su época, los principios detrás del diseño del paracaídas son válidos y han sido comprobados en experimentos modernos, evidenciando el ingenio y la visión de Leonardo.

Leonardo también desarrolló un diseño conocido como el "tornillo aéreo", que se asemeja a un moderno helicóptero. Este dispositivo tenía una estructura en espiral que, según su teoría, podría elevarse en el aire al ser girada. Aunque el tornillo aéreo no fue construido, su concepción anticipó la idea de la propulsión vertical y el diseño de aeronaves que eventualmente serían desarrolladas.

La relación de Leonardo con el vuelo no solo se limitó a la creación de diseños; sus notas y bocetos estaban llenos de observaciones sobre la naturaleza del aire, la gravedad y la sustentación. Su capacidad para integrar la ciencia y el arte le permitió visualizar conceptos que más tarde serían fundamentales en la aviación. A través de sus estudios, da Vinci llegó a conclusiones sobre la aerodinámica que, aunque rudimentarias en comparación con el conocimiento actual, sentaron las bases para el estudio del vuelo.

El legado de Leonardo da Vinci en la aviación es innegable. Sus diseños y conceptos, aunque no se materializaron en su época, han influido en generaciones de inventores e ingenieros. Su enfoque metodológico, que combinaba la observación cuidadosa con la experimentación teórica, se convirtió en un modelo para el desarrollo de la ingeniería moderna. En el contexto de la aviación, su trabajo es un recordatorio de que la curiosidad y la imaginación son esenciales para la innovación.

A lo largo de los siglos, el estudio de la aviación ha continuado construyendo sobre las ideas iniciales de Leonardo. Sus diseños han sido reinterpretados y adaptados, sirviendo como inspiración para los pioneros del vuelo del siglo XX, como los hermanos Wright y otros inventores que llevaron a cabo el sueño de volar. En este sentido, Leonardo da Vinci no solo fue un visionario de su tiempo, sino un verdadero pionero que dejó una huella imborrable en la historia de la aviación. Su legado perdura como un símbolo del potencial humano para soñar, crear e innovar, demostrando que el deseo de volar ha estado presente en la humanidad desde sus albores.

El Siglo XIX

- ## El desarrollo de los globos aerostáticos

El desarrollo de los globos aerostáticos marca un capítulo crucial en la historia de la aviación, representando los primeros esfuerzos significativos de la humanidad por conquistar el cielo. Desde sus orígenes en el siglo XVIII, los globos aerostáticos no solo transformaron la percepción del vuelo, sino que también sentaron las bases para futuros avances en la aeronáutica.

El primer vuelo exitoso en un globo aerostático se atribuye a los hermanos Montgolfier, Joseph-Michel y Jacques-Étienne, quienes, en 1782, presentaron su invención al mundo. Su diseño innovador consistía en un gran saco de papel y tela que se llenaba de aire caliente, generado por un fuego en el suelo. Este aire caliente, siendo menos denso que el aire frío exterior, proporcionaba la sustentación necesaria para elevar el globo. El primer vuelo tripulado se realizó en 1783, cuando Jean-François Pilâtre de Rozier y François Laurent d'Arlens ascendieron a una altitud de 1.000 metros en un globo de los Montgolfier, marcando un hito en la historia de la aviación.

El éxito de los globos aerostáticos no tardó en captar la atención de científicos e inventores de toda Europa. La posibilidad de volar y observar el mundo desde las alturas fascinaría a la sociedad, y pronto se llevaron a cabo diversas experimentaciones. En el mismo año del primer vuelo de los Montgolfier, el médico Jean-François Pilâtre de Rozier realizó un vuelo de 5.800 pies de altura, desafiando los límites de la aviación en su época. A lo largo de los años, la construcción de globos mejoró, incorporando materiales más ligeros y resistentes, como la seda y el algodón, y se experimentó con diferentes fuentes de calor.

La década de 1790 fue testigo de una serie de innovaciones en el campo de la aerostática. En 1794, el globero y constructor de globos aerostáticos, Étienne de Montgolfier, realizó un vuelo exitoso con un globo de gas, utilizando hidrógeno, que era más ligero que el aire y ofrecía una mayor capacidad de elevación. Este avance marcó un cambio significativo en el diseño de globos, alejándose del uso del aire caliente, y abrió la puerta a nuevas posibilidades en la exploración aérea.

Los globos aerostáticos también jugaron un papel importante en el ámbito militar y de la exploración. Durante las guerras napoleónicas, los globos fueron utilizados para la observación y la comunicación en el campo de batalla. Su capacidad para proporcionar una vista panorámica del terreno y de los movimientos del enemigo fue aprovechada por los generales, quienes los incorporaron como una herramienta estratégica. Este uso militar de los globos demostró su importancia no solo como un medio de entretenimiento y exploración, sino también como un recurso valioso en conflictos bélicos.

A lo largo del siglo XIX, el interés por la aerostática continuó creciendo, y los globos aerostáticos se convirtieron en una atracción popular en ferias y exposiciones. Sin embargo, su uso fue limitado en comparación con lo que vendría más tarde con la llegada de los dirigibles y los aviones. A pesar de esto, los globos aerostáticos proporcionaron una comprensión fundamental de los principios del vuelo y la sustentación, lo que permitió a los inventores explorar nuevas vías de desarrollo en la aviación.

El siglo XX trajo consigo el auge de la aviación moderna, pero el legado de los globos aerostáticos persiste. Hoy en día, los globos de aire caliente son una forma popular de recreación y turismo, ofreciendo experiencias únicas de vuelo y vistas espectaculares del paisaje desde las alturas. Asimismo, la ciencia de la aerostática sigue siendo un campo de estudio y aplicación, desde investigaciones atmosféricas hasta el uso de globos en proyectos científicos para la recolección de datos en la estratosfera.

El desarrollo de los globos aerostáticos no solo representa los primeros pasos en la búsqueda del vuelo humano, sino que también establece un marco para la evolución de la aviación. Los hermanos Montgolfier, junto con otros pioneros, impulsaron el progreso en el diseño y la comprensión del vuelo, allanando el camino para futuros avances en la aeronáutica. La fascinación por volar y explorar los cielos continúa, y los globos aerostáticos permanecerán como un símbolo de la valentía humana para desafiar los límites y alcanzar nuevas alturas.

• Los primeros experimentos con planeadores

Los primeros experimentos con planeadores representan un paso crucial en la historia de la aviación, marcando la transición de la mera observación del vuelo a la práctica activa de la ingeniería aeronáutica. A medida que los inventores del siglo XIX comenzaron a explorar el concepto de vuelo sin motor, los planeadores se convirtieron en el campo de pruebas ideal para desarrollar y refinar las ideas que eventualmente conducirían a la invención del avión.

Uno de los pioneros en este ámbito fue Otto Lilienthal, un ingeniero alemán conocido como el "príncipe de los planeadores". A finales del siglo XIX, Lilienthal realizó más de 2000 vuelos en sus planeadores, estableciendo un registro impresionante que documentó la efectividad de sus diseños. Inspirado por la observación de aves, Lilienthal dedicó años al estudio de la aerodinámica, la sustentación y el control del vuelo. En 1891, realizó su primer vuelo exitoso con un planeador llamado "Derwitzer Glider", que se basaba en un diseño de alas curvas, similar a las de un ave.

Lilienthal utilizaba un diseño de ala de un solo plano que le permitía deslizarse por el aire desde colinas y pendientes, aprovechando las corrientes de aire. Sus vuelos eran relativamente cortos, pero su enfoque sistemático y experimental en la recopilación de datos sobre el rendimiento de sus planeadores fue revolucionario. A través de su trabajo, Lilienthal estableció principios fundamentales sobre la sustentación y la estabilidad, sentando las bases para futuros desarrollos en la aviación. A pesar de la falta de instrumentos sofisticados, su documentación meticulosa y sus observaciones sobre el vuelo le permitieron realizar mejoras significativas en sus diseños.

Otro pionero en la experimentación con planeadores fue el estadounidense Octave Chanute, un ingeniero y pionero de la aviación que se destacó por sus aportes teóricos y prácticos al vuelo. En la década de 1890, Chanute construyó varios modelos de planeadores, colaborando con otros inventores y compartiendo sus hallazgos a través de publicaciones y conferencias. Su enfoque colaborativo fomentó el intercambio de ideas y conocimientos entre los pioneros de la aviación, lo que llevó a un rápido progreso en el diseño y la construcción de planeadores.

Chanute llevó a cabo sus pruebas de vuelo en varias ubicaciones, utilizando un planeador con una estructura de ala biplana que demostraba ser más estable que los diseños de ala simple de Lilienthal. En 1896, Chanute realizó un vuelo notable en su planeador de diseño propio, logrando una distancia de más de 200 pies en una serie de descensos controlados. Sus experimentos y el intercambio de ideas inspiraron a muchos otros inventores, incluidos los hermanos Wright, quienes más tarde se convertirían en pioneros de la aviación motorizada.

El trabajo de Lilienthal y Chanute fue crucial para sentar las bases de la aviación moderna, y sus experimentos con planeadores llevaron a una mejor comprensión de los principios aerodinámicos que rigen el vuelo. Estos pioneros no solo probaron diferentes diseños de planeadores, sino que también hicieron importantes observaciones sobre el control y la estabilidad del vuelo, estableciendo principios que siguen siendo relevantes en la actualidad.

A medida que el siglo XX se acercaba, el interés en los planeadores continuó creciendo, y nuevos inventores comenzaron a experimentar con sus propios diseños. La aviación sin motor se convirtió en un campo de estudio reconocido, dando lugar al desarrollo de planeadores más avanzados y eficientes. La exploración del vuelo sin motor no solo permitió a los ingenieros desarrollar tecnologías que eventualmente conducirían a la aviación motorizada, sino que también fomentó una apreciación por los aspectos estéticos y recreativos del vuelo.

Con el tiempo, los planeadores evolucionaron en complejidad y eficiencia. En la década de 1920, se introdujeron planeadores de alta calidad que permitieron volar a mayores altitudes y distancias. Estas mejoras, junto con el auge de la aviación deportiva, establecieron a los planeadores como una disciplina respetada y popular en el mundo de la aviación.

Los primeros experimentos con planeadores marcaron un periodo de exploración e innovación en la historia de la aviación. A través de los esfuerzos de pioneros como Otto Lilienthal y Octave Chanute, se establecieron los principios básicos del vuelo, que sentaron las bases para los desarrollos futuros en la aviación motorizada. La pasión por el vuelo y la búsqueda de la comprensión aerodinámica no solo llevaron a la invención de los aviones, sino que también crearon un legado duradero que continúa inspirando a ingenieros y aviadores en la actualidad.

Los Hermanos Wright

- La invención del avión y el primer vuelo controlado (1903)

La invención del avión y el primer vuelo controlado en 1903 representan uno de los hitos más significativos en la historia de la aviación, marcando el nacimiento de un nuevo medio de transporte y una era de exploración y descubrimiento en los cielos. Este logro fue el resultado de años de experimentación y dedicación de varios pioneros, pero el crédito por el primer vuelo exitoso de un avión motorizado generalmente se atribuye a los hermanos Wright, Orville y Wilbur.

Los hermanos Wright, originarios de Dayton, Ohio, comenzaron su interés por el vuelo en la infancia, inspirándose en la observación de pájaros y en los principios aerodinámicos. Desde finales del siglo XIX, comenzaron a experimentar con planeadores, aprendiendo de los logros y fracasos de otros pioneros, como Otto Lilienthal. A través de un enfoque sistemático, los hermanos Wright documentaron sus experimentos y desarrollaron un profundo entendimiento de la sustentación, el control y la estabilidad en vuelo. Sus pruebas de planeadores les permitieron refinar su técnica de control y mejorar sus diseños.

Una de las innovaciones más importantes introducidas por los hermanos Wright fue el concepto de "control por deformación". A diferencia de los diseñadores anteriores que utilizaban elevadores y timones fijos, los hermanos Wright desarrollaron un sistema que permitía al piloto mover las alas del avión, modificando su forma y ángulo para controlar la dirección y estabilidad del vuelo. Este enfoque les permitió maniobrar de manera más efectiva y responder a las condiciones cambiantes del aire.

En 1903, tras varios años de experimentación, los hermanos Wright completaron su avión motorizado, conocido como el "Flyer". Este diseño incorporaba un motor ligero que producía suficiente potencia para levantar el avión, así como un sistema de control que les permitía guiarlo. El 17 de diciembre de ese año, en Kitty Hawk, Carolina del Norte, el Flyer realizó su primer vuelo controlado, convirtiéndose en un evento que cambiaría el curso de la historia de la aviación.

El primer vuelo tuvo lugar en condiciones frías y ventosas, y fue pilotado por Orville Wright. A las 10:35 a.m., el Flyer se despegó del suelo, volando una distancia de 36,5 metros en un tiempo de 12 segundos. Este breve pero monumental vuelo marcó el inicio de la era de la aviación. Wilbur también pilotó el Flyer en varios vuelos sucesivos ese día, logrando distancias cada vez mayores, con el vuelo más largo alcanzando 260 metros en 59 segundos.

El éxito de los hermanos Wright no solo se debió a su innovador diseño, sino también a su meticuloso enfoque de investigación y desarrollo. Su capacidad para aprender de los errores y ajustar sus experimentos fue fundamental para superar los desafíos técnicos que enfrentaron en su camino hacia la invención del avión.

La noticia del primer vuelo controlado de los hermanos Wright se propagó rápidamente, aunque la aviación aún estaba lejos de convertirse en un medio de transporte cotidiano. Sin embargo, su logro inspiró a otros inventores y aeronáuticos de todo el mundo, llevando a una rápida expansión del interés y la investigación en la aviación. En los años siguientes, la tecnología de vuelo se desarrolló a un ritmo acelerado, con mejoras en los motores, diseños de alas y estructuras de aeronaves.

El avance de la aviación no solo tuvo un impacto en el ámbito de la tecnología, sino que también transformó la sociedad, la economía y la guerra. A medida que los aviones comenzaron a volar más lejos y más rápido, se exploraron nuevas aplicaciones, desde el transporte de pasajeros y mercancías hasta la guerra y la exploración científica. La invención del avión marcó el inicio de una nueva era de conectividad global y permitió a las personas cruzar distancias que antes eran impensables.

La invención del avión y el primer vuelo controlado de los hermanos Wright en 1903 son momentos emblemáticos en la historia de la aviación. Su dedicación y perseverancia en la búsqueda del vuelo motorizado abrieron las puertas a un mundo de posibilidades y sentaron las bases para los futuros desarrollos en la aeronáutica. Este hito no solo transformó el transporte, sino que también cambió la forma en que la humanidad se relaciona con el mundo, permitiendo que los sueños de volar se convirtieran en una realidad palpable.

- # El impacto de su trabajo en la aviación moderna

El impacto del trabajo de los hermanos Wright en la aviación moderna es inmenso y multifacético, sentando las bases sobre las cuales se ha construido la industria aeronáutica actual. Su innovadora invención del avión motorizado en 1903 y su enfoque sistemático hacia el diseño y el control del vuelo establecieron principios fundamentales que aún son relevantes en la aviación contemporánea.

Uno de los aspectos más significativos del legado de los hermanos Wright es su desarrollo de un sistema de control que permite a los pilotos maniobrar de manera efectiva. Su enfoque de "control por deformación" introdujo la idea de que las alas podían ser ajustadas en tiempo real para mejorar la estabilidad y dirección del vuelo. Este concepto se ha evolucionado y refinado a lo largo del tiempo, pero sigue siendo esencial en el diseño de aeronaves modernas. La capacidad de controlar un avión en diferentes condiciones atmosféricas y a diversas velocidades es un pilar de la aviación actual, y los principios que los hermanos Wright establecieron continúan influyendo en la ingeniería aeronáutica.

Además, la importancia de la aerodinámica, que los hermanos Wright exploraron exhaustivamente a través de sus experimentos con planeadores y modelos, ha sido fundamental en el diseño de aviones modernos. Sus observaciones sobre la sustentación y la resistencia al avance han llevado a una comprensión más profunda de cómo los aviones interactúan con el aire. Esta comprensión se ha traducido en avances en el diseño de alas, fuselajes y motores, mejorando la eficiencia, la velocidad y la seguridad de las aeronaves.

El trabajo de los hermanos Wright también impulsó un cambio en la percepción del vuelo y de la aviación como una industria viable. Antes de sus logros, el vuelo era visto principalmente como una curiosidad o una hazaña de ingenieros y soñadores. Sin embargo, su éxito demostró que el vuelo era posible y podía ser replicado. Esto llevó a un aumento en la inversión en investigación y desarrollo en el campo de la aviación, lo que resultó en un auge de nuevas tecnologías y empresas dedicadas al vuelo. En las décadas siguientes, la aviación pasó de ser un fenómeno experimental a una industria global que revolucionaría la forma en que las personas y mercancías se transportan.

La aviación moderna se caracteriza por la diversidad de aplicaciones, desde el transporte comercial y de pasajeros hasta la aviación militar y la exploración científica. Los principios de diseño y control que los hermanos Wright establecieron han sido adaptados y aplicados en todas estas áreas. Por ejemplo, el diseño de aviones comerciales, que requieren alta eficiencia y seguridad, se basa en los conceptos aerodinámicos que los Wright exploraron. Además, la aviación militar se ha beneficiado enormemente de sus avances, ya que el control preciso y la maniobrabilidad son cruciales en el combate aéreo.

Asimismo, la influencia de los hermanos Wright se extiende más allá del diseño de aeronaves. Su trabajo sentó las bases para la formación de normas y regulaciones en la aviación. A medida que la aviación se volvía más popular, era necesario establecer pautas de seguridad y procedimientos para garantizar el bienestar de los pasajeros y la eficacia de las operaciones aéreas. Hoy en día, organismos como la Organización de Aviación Civil Internacional (OACI) y la Administración Federal de Aviación (FAA) supervisan la aviación global, asegurando que se mantengan altos estándares de seguridad y eficiencia.

Finalmente, el legado de los hermanos Wright ha inspirado a generaciones de ingenieros, aviadores e innovadores. Su pasión por el vuelo, combinada con su enfoque metódico hacia la experimentación y el diseño, ha fomentado un espíritu de innovación que sigue siendo fundamental en la industria de la aviación. Desde los avances en aviones eléctricos y de despegue vertical hasta la exploración del espacio, el impacto de su trabajo resuena en cada nuevo desarrollo.

El impacto de los hermanos Wright en la aviación moderna es incalculable. Su invención del avión motorizado, junto con sus innovaciones en control y aerodinámica, sentó las bases para una industria que ha transformado la forma en que el mundo se conecta. Su legado continúa inspirando a quienes buscan llevar la aviación a nuevas alturas y explorar los límites del vuelo humano.

La Aviación en la Primera Guerra Mundial

- ## Aviones como herramientas de guerra

La evolución de los aviones como herramientas de guerra ha tenido un impacto profundo en la historia militar y en la forma en que se libran los conflictos. Desde sus inicios, la aviación militar ha transformado radicalmente las estrategias y tácticas de combate, permitiendo a las naciones proyectar poder y realizar operaciones a gran escala de maneras que antes eran inimaginables. A continuación, se analiza cómo los aviones han llegado a ser instrumentos clave en la guerra, desde la Primera Guerra Mundial hasta la actualidad.

Los primeros usos de la aviación en conflictos armados se produjeron durante la Primera Guerra Mundial (1914-1918). Al principio, los aviones se utilizaron principalmente para reconocimiento, proporcionando a los comandantes información sobre el movimiento de las tropas enemigas y la disposición de las defensas. Sin embargo, a medida que la guerra avanzaba, los aviones comenzaron a ser equipados con armamento, lo que permitió el inicio de combates aéreos. Se popularizaron las escuadrillas de caza, que se enfrentaban en duelos sobre el campo de batalla, dando origen a la aviación militar como una nueva rama de las fuerzas armadas.

Uno de los avances más significativos durante la Primera Guerra Mundial fue el uso de bombarderos. Estos aviones estaban diseñados específicamente para atacar objetivos estratégicos en el suelo, como instalaciones militares, infraestructuras y ciudades enemigas. Esta táctica introdujo el concepto de guerra total, donde el objetivo no solo era derrotar al ejército enemigo, sino también desestabilizar su economía y moral. El uso de bombardeos estratégicos se consolidó durante la guerra, y los aviones comenzaron a desempeñar un papel crucial en la determinación de los resultados de los conflictos.

Con la llegada de la Segunda Guerra Mundial (1939-1945), la aviación militar alcanzó nuevas alturas en términos de tecnología y táctica. Se desarrollaron aviones más avanzados, como los cazas a reacción y los bombarderos de largo alcance, lo que permitió a las naciones llevar a cabo operaciones aéreas más complejas y efectivas. La batalla de Inglaterra, por ejemplo, demostró el papel vital que desempeñó la aviación en la defensa nacional. La Royal Air Force (RAF) utilizó cazas como el Supermarine Spitfire y el Hawker Hurricane para repeler los ataques de la Luftwaffe alemana, asegurando la supervivencia del Reino Unido y alterando el curso de la guerra.

Además, la guerra aérea se expandió a los bombardeos estratégicos masivos, donde ciudades enteras fueron destruidas en un intento por debilitar la voluntad del enemigo. Las campañas de bombardeo de ciudades como Dresde y Tokio ilustraron el devastador poder de la aviación militar, que podía causar daños catastróficos a gran escala. La introducción del bombardero B-29 Superfortress por parte de Estados Unidos culminó en los bombardeos atómicos de Hiroshima y Nagasaki, que no solo destruyeron ciudades, sino que también marcaron el final de la guerra y el inicio de la era nuclear.

A lo largo de la Guerra Fría, la aviación continuó siendo una herramienta crítica en la estrategia militar de las superpotencias. Los aviones de reconocimiento, como el U-2 y el SR-71 Blackbird, jugaron un papel crucial en la recopilación de inteligencia sobre las capacidades militares del enemigo. Además, el desarrollo de aviones de combate de cuarta generación y la integración de tecnología de aviones no tripulados (drones) transformaron la guerra moderna, permitiendo a las naciones llevar a cabo operaciones con precisión quirúrgica y minimizando el riesgo para sus pilotos.

Hoy en día, los aviones son fundamentales en operaciones de combate, logística y vigilancia. La capacidad de proyectar fuerza a través del aire ha llevado a una redefinición de las estrategias militares, donde la superioridad aérea es considerada un factor decisivo en cualquier conflicto. Los aviones de combate modernos, como el F-22 Raptor y el F-35 Lightning II, están equipados con tecnología avanzada que les permite realizar misiones complejas y adaptarse a diferentes entornos de combate.

Además, los drones han revolucionado la forma en que se libran las guerras contemporáneas. Estas aeronaves no tripuladas permiten llevar a cabo ataques precisos y operaciones de reconocimiento sin poner en riesgo a los pilotos. La Guerra contra el Terror ha visto un aumento significativo en el uso de drones para operaciones de combate, permitiendo a las fuerzas armadas llevar a cabo misiones de manera más eficiente y con un menor costo humano.

El impacto de los aviones en la guerra no solo se limita al campo de batalla. La aviación militar también ha influido en la política internacional y la diplomacia. La capacidad de un país para proyectar poder aéreo puede disuadir a los adversarios y fortalecer las alianzas estratégicas. En conflictos recientes, la superioridad aérea ha demostrado ser un factor determinante en el resultado de las operaciones, lo que ha llevado a una mayor inversión en tecnología y capacidad aérea.

Los aviones han evolucionado de simples máquinas de reconocimiento a herramientas esenciales en la guerra moderna, transformando la forma en que se libran los conflictos. Su capacidad para llevar a cabo operaciones a gran escala, realizar bombardeos estratégicos y proporcionar inteligencia ha hecho que la aviación militar sea un componente clave en la estrategia de defensa de las naciones. A medida que la tecnología sigue avanzando, el papel de la aviación en los conflictos armados seguirá evolucionando, planteando nuevos desafíos y oportunidades para el futuro de la guerra.

- # Innovaciones y mejoras tecnológicas

La historia de la aviación está marcada por un constante proceso de innovación y mejoras tecnológicas que han transformado no solo la forma en que volamos, sino también la eficacia y seguridad de las aeronaves. Desde los primeros vuelos hasta los aviones de combate y comerciales modernos, cada avance ha contribuido a hacer del vuelo una experiencia más eficiente, segura y accesible. A continuación, se exploran algunas de las innovaciones y mejoras tecnológicas más significativas en la historia de la aviación.

Uno de los avances más fundamentales en la aviación fue la introducción de la propulsión a reacción. A mediados del siglo XX, los motores de reacción comenzaron a reemplazar a los motores de pistón en aviones comerciales y militares, lo que permitió velocidades mucho mayores y una mayor altitud de vuelo. El primer avión comercial a reacción, el de Havilland Comet, hizo su debut en 1952, revolucionando el transporte aéreo al ofrecer viajes más rápidos y eficientes entre continentes. Este avance marcó el comienzo de la era de los jets, que sigue siendo predominante en la aviación comercial actual.

Otra innovación clave ha sido la mejora en los sistemas de navegación. Desde la simple navegación visual utilizada en los primeros días de la aviación hasta los sofisticados sistemas de navegación por satélite actuales, los avances en tecnología han permitido una mayor precisión en la planificación de rutas y la ejecución de vuelos. La introducción del Sistema de Posicionamiento Global (GPS) ha sido un cambio de juego, permitiendo a los pilotos y controladores de tráfico aéreo tener acceso a datos de ubicación en tiempo real, mejorando la seguridad y la eficiencia operativa.

La aviación también ha visto avances significativos en materiales y diseño estructural. Los aviones modernos utilizan materiales compuestos, como fibra de carbono y aluminio, que son más ligeros y fuertes que los materiales tradicionales. Esto ha permitido la construcción de aeronaves más eficientes en combustible, con un menor impacto ambiental. La reducción de peso es fundamental en la aviación, ya que permite aumentar la capacidad de carga y mejorar la eficiencia del combustible, lo que resulta en un menor costo operativo para las aerolíneas.

La mejora en la aerodinámica ha sido otra área de innovación crucial. A medida que se ha avanzado en la comprensión de cómo las aeronaves interactúan con el aire, se han desarrollado diseños más eficientes que reducen la resistencia y mejoran la sustentación. Características como los winglets (extensiones verticales en las puntas de las alas) han demostrado ser efectivas para reducir el arrastre y mejorar el rendimiento de combustible. Estos pequeños cambios en el diseño pueden tener un impacto significativo en la eficiencia operativa de un avión.

La tecnología de aviones no tripulados (drones) ha revolucionado la aviación en múltiples campos. Originalmente desarrollados para aplicaciones militares, los drones ahora se utilizan en una variedad de sectores, incluyendo la agricultura, la vigilancia, la entrega de paquetes y la cinematografía. Su capacidad para volar en zonas de difícil acceso y llevar a cabo tareas específicas ha abierto nuevas oportunidades y aplicaciones para la aviación. Los drones han demostrado ser herramientas valiosas en la recopilación de datos y la monitorización de áreas extensas, contribuyendo a la investigación científica y a la gestión de emergencias.

La automatización ha sido un cambio significativo en la aviación moderna. Los sistemas de control de vuelo automático y las tecnologías de asistencia al piloto han permitido un mayor nivel de precisión en la operación de las aeronaves. Esto ha contribuido a mejorar la seguridad, ya que muchos de los errores humanos que anteriormente podían conducir a accidentes se han reducido significativamente gracias a la tecnología. Además, la implementación de sistemas de gestión de vuelo que integran datos de navegación, meteorología y rendimiento del avión permite a los pilotos tomar decisiones más informadas en tiempo real.

La comunicación también ha experimentado mejoras tecnológicas significativas en la aviación. Los sistemas de comunicación por satélite han permitido una conectividad global, asegurando que los aviones mantengan contacto constante con los controladores de tráfico aéreo y la base en tierra. Esto es especialmente importante en vuelos sobre océanos o áreas remotas, donde la comunicación tradicional puede ser limitada. La implementación de tecnologías como el ADS-B (Automatic Dependent Surveillance–Broadcast) ha mejorado aún más la seguridad al permitir que los aviones se comuniquen entre sí y con los sistemas de control de tráfico aéreo, aumentando la conciencia situacional.

La sostenibilidad ha emergido como un foco importante en la innovación de la aviación. Con el crecimiento de las preocupaciones ambientales, la industria está explorando nuevas tecnologías para reducir la huella de carbono de los vuelos. Desde la investigación en biocombustibles y combustibles sintéticos hasta el desarrollo de aviones eléctricos y de despegue y aterrizaje vertical (eVTOL), la aviación está avanzando hacia un futuro más sostenible. Estas innovaciones no solo buscan mejorar la eficiencia, sino también responder a la creciente demanda de transporte aéreo de manera responsable y sostenible.

Las innovaciones y mejoras tecnológicas en la aviación han transformado la forma en que volamos y han permitido que la industria aérea evolucione y prospere. Desde los motores de reacción y la navegación satelital hasta los avances en materiales y sostenibilidad, cada uno de estos desarrollos ha contribuido a hacer del vuelo una experiencia más eficiente, segura y accesible para las generaciones presentes y futuras. La búsqueda constante de la innovación en la aviación promete seguir moldeando el futuro del transporte aéreo y redefiniendo los límites de lo que es posible en el cielo.

El Auge de la Aviación Comercial

- ## El surgimiento de aerolíneas en la década de 1920

El surgimiento de aerolíneas en la década de 1920 marcó un hito en la historia de la aviación y sentó las bases para el desarrollo del transporte aéreo comercial tal como lo conocemos hoy. Después de la Primera Guerra Mundial, la aviación dejó de ser exclusivamente un ámbito militar y comenzó a evolucionar hacia un servicio público, impulsada por la creciente demanda de transporte rápido y eficiente, así como por los avances tecnológicos y la percepción de la aviación como una opción viable para los viajes.

Durante la guerra, muchos de los avances en tecnología aeronáutica se habían centrado en mejorar la velocidad y la seguridad de los aviones. Estos desarrollos no solo hicieron que los vuelos fueran más fiables, sino que también despertaron un interés creciente entre los civiles por experimentar los viajes aéreos. Los primeros vuelos comerciales se llevaron a cabo antes de 1920, pero fue en esta década cuando comenzaron a organizarse de manera más formal y estructurada.

Uno de los primeros ejemplos del surgimiento de aerolíneas fue la creación de la compañía de aviación estadounidense "Boeing Air Transport" en 1927, que más tarde se convertiría en parte de United Airlines. Esta empresa se centró en el transporte de correo aéreo, una tendencia que se hizo común en los primeros días de la aviación comercial. El servicio de correo aéreo no solo proporcionó ingresos cruciales para las nuevas aerolíneas, sino que también ayudó a establecer rutas aéreas y a demostrar la viabilidad del transporte aéreo regular.

El "Air Mail Act" de 1925 en Estados Unidos fue un factor clave en la expansión de la aviación comercial. Este acto permitió que las empresas privadas transportaran correo, lo que incentivó a las aerolíneas a desarrollar infraestructuras y rutas aéreas. A medida que el servicio de correo aéreo se expandía, también se comenzaron a ofrecer vuelos para pasajeros, y las aerolíneas empezaron a centrarse en atraer a los viajeros. Se crearon aviones más grandes y cómodos, y se empezaron a ofrecer servicios que mejoraban la experiencia del pasajero, como comidas y asientos más cómodos.

En Europa, el surgimiento de aerolíneas también tuvo un impacto significativo. Compañías como Imperial Airways en el Reino Unido y Air France en Francia comenzaron a establecer rutas aéreas nacionales e internacionales. Estas aerolíneas no solo conectaron ciudades importantes dentro de sus respectivos países, sino que también empezaron a ofrecer vuelos intercontinentales, facilitando el transporte de personas y mercancías a nivel global. El desarrollo de aeropuertos, hangares y terminales fue esencial para apoyar estas operaciones, creando la infraestructura necesaria para el crecimiento de la aviación comercial.

En la década de 1920, la aviación también comenzó a captar la atención de los medios de comunicación y el público en general. Eventos como el famoso vuelo transatlántico de Charles Lindbergh en 1927, cuando cruzó el océano Atlántico en un solo vuelo, inspiraron a la población y despertaron un interés aún mayor en los viajes aéreos. Lindbergh se convirtió en un héroe de la aviación y su éxito ayudó a promover la idea de que volar era una experiencia segura y emocionante.

A medida que las aerolíneas crecían, también enfrentaban desafíos significativos. La seguridad era una preocupación primordial, ya que los accidentes aéreos eran más comunes en aquellos días. Sin embargo, las innovaciones tecnológicas continuaron mejorando la seguridad, y las aerolíneas comenzaron a implementar procedimientos y regulaciones más estrictas. La creación de la Administración Federal de Aviación (FAA) en Estados Unidos en

1958 y organismos similares en otros países ayudó a establecer estándares que aumentarían la confianza del público en la aviación comercial.

La década de 1920 también fue testigo del crecimiento de las ferias aéreas y exposiciones que promovían la aviación y sus posibilidades. Estas ferias no solo ofrecieron la oportunidad de mostrar aviones y tecnología, sino que también permitieron a las aerolíneas promocionar sus servicios y atraer a nuevos pasajeros. El entusiasmo por la aviación continuó creciendo, y la percepción de los vuelos comerciales como una forma de transporte viable se consolidó.

El surgimiento de aerolíneas en la década de 1920 marcó un punto de inflexión crucial en la historia de la aviación. A medida que la tecnología avanzaba y el interés público en los vuelos comerciales crecía, las aerolíneas comenzaron a establecerse como un medio de transporte fundamental. Con el desarrollo de rutas, infraestructura y regulaciones, el vuelo se convirtió en una opción accesible y segura para los viajeros, sentando las bases para la expansión y evolución continua de la aviación comercial en las décadas siguientes.

El impacto de la aviación en el transporte global

El impacto de la aviación en el transporte global ha sido profundo y multifacético, transformando no solo la forma en que las personas y mercancías se desplazan, sino también influyendo en la economía, la cultura y la interconexión mundial. Desde sus inicios, la aviación ha servido como un medio esencial para unir a naciones, facilitar el comercio internacional y fomentar el turismo, y su evolución ha contribuido a un mundo más globalizado y accesible.

Uno de los aspectos más significativos del impacto de la aviación ha sido la aceleración del comercio internacional. La capacidad de transportar mercancías de un continente a otro en cuestión de horas ha revolucionado las cadenas de suministro y ha permitido a las empresas acceder a mercados globales de manera eficiente. La creación de aerolíneas de carga especializadas y la expansión de los servicios de transporte aéreo han permitido que productos perecederos, como frutas, verduras y flores, lleguen a sus destinos frescos y en perfectas condiciones. Esto no solo ha beneficiado a los exportadores e importadores, sino que también ha ampliado las opciones para los consumidores, que ahora pueden disfrutar de productos de todo el mundo.

Además del comercio, la aviación ha transformado el turismo, convirtiéndolo en una de las industrias más importantes a nivel global. La posibilidad de viajar a destinos lejanos en poco tiempo ha fomentado el crecimiento del turismo internacional. Aerolíneas de bajo costo han hecho que los viajes aéreos sean más accesibles, permitiendo que un mayor número de personas explore diferentes culturas y lugares. Esto ha generado un intercambio cultural significativo, ya que los viajeros tienen la oportunidad de conocer y comprender diferentes tradiciones, gastronomías y modos de vida. Las economías de muchos países dependen en gran medida del turismo, y la aviación ha sido un motor fundamental para el desarrollo de este sector.

La aviación también ha tenido un impacto notable en la conectividad global. Las ciudades que antes estaban aisladas ahora están a solo unas horas de distancia en avión, lo que ha permitido una mayor interacción entre personas y empresas de diferentes partes del mundo. Las grandes metrópolis se han convertido en hubs de transporte aéreo, donde convergen vuelos nacionales e internacionales, facilitando el movimiento de personas y recursos. Esto ha contribuido a la creación de una red global que no solo conecta a las ciudades, sino que también permite la colaboración entre empresas y la atracción de inversión extranjera.

Sin embargo, el crecimiento de la aviación no ha estado exento de desafíos. Uno de los más significativos es el impacto ambiental. La industria de la aviación es responsable de una parte considerable de las emisiones de gases de efecto invernadero, lo que ha llevado a un creciente escrutinio y a la búsqueda de soluciones sostenibles. Los esfuerzos por desarrollar aeronaves más eficientes en combustible, así como la investigación en biocombustibles y tecnologías de aviación más limpias, son parte de la respuesta de la industria para mitigar su huella ambiental. La conciencia pública sobre la sostenibilidad ha llevado a un mayor interés en el transporte aéreo responsable, y muchas aerolíneas están tomando medidas para reducir su impacto en el medio ambiente.

El impacto de la aviación también se extiende a la diplomacia y la política internacional. Los vuelos internacionales han facilitado la cooperación entre naciones y el establecimiento de relaciones diplomáticas. A través de acuerdos bilaterales y multilaterales, los países han trabajado juntos para mejorar la seguridad y la eficiencia de los viajes aéreos, lo que a su vez ha fomentado la paz y la comprensión entre diferentes culturas. La aviación ha sido un medio para el diálogo y la colaboración, permitiendo que las naciones se enfrenten a desafíos globales como el terrorismo, el cambio climático y las crisis humanitarias de manera más efectiva.

En el contexto de la pandemia de COVID-19, el impacto de la aviación en el transporte global se hizo aún más evidente. Las restricciones de viaje y la disminución de la demanda de vuelos afectaron drásticamente a la industria, revelando su vulnerabilidad y dependencia de factores externos. A medida que las aerolíneas luchaban por adaptarse a la nueva realidad, también surgieron oportunidades para innovar y mejorar la resiliencia del sector. La pandemia ha acelerado la adopción de tecnologías digitales en la aviación, desde el check-in en línea hasta la gestión de datos de pasajeros, y ha llevado a un enfoque renovado en la salud y la seguridad.

El impacto de la aviación en el transporte global es vasto y diverso. Ha transformado la forma en que las personas y las mercancías se desplazan, ha facilitado el comercio y el turismo, ha conectado a las naciones y ha fomentado la cooperación internacional. A medida que la industria sigue evolucionando y enfrentando nuevos desafíos, la aviación continuará desempeñando un papel crucial en la configuración del futuro del transporte global, buscando un equilibrio entre el crecimiento y la sostenibilidad en un mundo cada vez más interconectado.

La Segunda Guerra Mundial y el Progreso Tecnológico

- Aviones de combate y su influencia en la guerra

Los aviones de combate han tenido una influencia transformadora en la guerra moderna, cambiando la naturaleza de los conflictos y la estrategia militar desde su introducción en el siglo XX. Desde los primeros biplanos de combate de la Primera Guerra Mundial hasta los sofisticados cazas de quinta generación, la aviación ha revolucionado la manera en que se libran las batallas, alterando no solo las tácticas en el campo de batalla, sino también la logística, la inteligencia y la percepción pública de la guerra.

Durante la Primera Guerra Mundial, los aviones comenzaron a utilizarse principalmente para la observación y la fotografía, proporcionando información vital sobre los movimientos de las tropas enemigas. Sin embargo, pronto se desarrollaron aviones de combate diseñados para el enfrentamiento directo. La guerra aérea dio lugar a la figura del piloto de caza, un nuevo tipo de héroe militar que capturó la imaginación del público. Las batallas aéreas, o "duelos", entre aviones se convirtieron en un aspecto icónico del conflicto, marcando el inicio de una nueva era de la guerra donde el control del aire se volvió esencial para el éxito en el terreno.

La Segunda Guerra Mundial amplió aún más el papel de los aviones de combate. La aviación se convirtió en un componente crucial de las estrategias militares, con países que invirtieron enormemente en la producción de cazas, bombarderos y aviones de reconocimiento. La capacidad de llevar a cabo bombardeos estratégicos, como los realizados sobre ciudades enemigas, alteró el curso de la guerra, demostrando el poder destructivo de la aviación. La Batalla de Inglaterra es un ejemplo destacado, donde la Royal Air Force logró repeler los ataques aéreos de la Luftwaffe, asegurando el dominio aéreo británico y cambiando el rumbo de la guerra en Europa.

Los aviones de combate también han evolucionado en términos de tecnología y armamento. Desde la introducción de armas guiadas y misiles aire-aire hasta la implementación de tecnología de sigilo, la aviación militar ha incorporado avances que han mejorado la efectividad y la letalidad de los cazas. El desarrollo de aviones de combate como el F-22 Raptor y el F-35 Lightning II, con capacidades de combate multirrol y sistemas de control de vuelo avanzados, ha permitido a las fuerzas aéreas llevar a cabo operaciones más complejas y coordinadas.

En las guerras más recientes, como las de Irak y Afganistán, los aviones de combate han desempeñado un papel fundamental en la guerra moderna. Las operaciones aéreas han permitido llevar a cabo ataques de precisión contra objetivos específicos, reduciendo las bajas civiles y mejorando la eficacia de las fuerzas militares. La capacidad de las aeronaves no tripuladas (drones) ha añadido una nueva dimensión a la guerra, permitiendo llevar a cabo misiones de vigilancia y ataque sin poner en riesgo la vida de los pilotos.

Sin embargo, el uso de aviones de combate y drones también ha planteado desafíos éticos y morales. La guerra aérea ha generado debates sobre la deshumanización del conflicto, ya que los pilotos pueden estar a miles de kilómetros de distancia de sus objetivos. Además, el aumento de ataques aéreos ha llevado a preocupaciones sobre el impacto en la población civil y la dificultad de justificar el uso de la fuerza en un contexto de guerra.

El control del espacio aéreo ha llegado a ser considerado uno de los aspectos más críticos de la guerra moderna. Las fuerzas que logran establecer la supremacía aérea pueden dictar el ritmo y la naturaleza de las operaciones en el suelo. Esto ha llevado a un enfoque más estratégico en el desarrollo de tecnologías de defensa, como sistemas de misiles de defensa aérea, que buscan contrarrestar la amenaza de los aviones de combate enemigos.

La influencia de los aviones de combate en la guerra también se extiende al ámbito geopolítico. La superioridad aérea ha sido un factor determinante en las decisiones estratégicas de las naciones, y los avances en la aviación militar han llevado a una carrera armamentista en la que las naciones buscan mantener una ventaja sobre sus adversarios. Esto ha fomentado alianzas militares y ha llevado a la proliferación de tecnologías aéreas avanzadas a nivel mundial.

Los aviones de combate han transformado la guerra de maneras fundamentales. Desde su papel inicial en la Primera Guerra Mundial hasta su uso en conflictos contemporáneos, la aviación ha cambiado la forma en que se libran las batallas y ha influido en la estrategia militar, la logística y la diplomacia internacional. A medida que la tecnología continúa evolucionando, la influencia de los aviones de combate en la guerra seguirá siendo un tema crítico en la historia militar y en la seguridad global.

La transición a la aviación comercial post-guerra

La transición a la aviación comercial después de la Segunda Guerra Mundial marcó un hito significativo en la historia del transporte aéreo, transformando la aviación de un ámbito predominantemente militar a un sector comercial dinámico y en constante evolución. Este cambio fue impulsado por varios factores, incluyendo los avances tecnológicos, el crecimiento de la economía global, el aumento de la demanda de viajes y la necesidad de reconstrucción en el período de posguerra.

En primer lugar, los avances tecnológicos desempeñaron un papel crucial en la transformación de la aviación comercial. Durante la guerra, se desarrollaron innovaciones significativas en diseño de aeronaves, motores y sistemas de navegación. Los aviones que se habían utilizado para operaciones militares se adaptaron para el transporte de pasajeros y carga. Uno de los primeros ejemplos de esta transición fue el Douglas DC-3, que se convirtió en un símbolo de la aviación comercial en la década de 1940. Con su capacidad para transportar hasta 32 pasajeros y su fiabilidad, el DC-3 sentó las bases para el desarrollo de vuelos regulares de pasajeros.

A medida que la demanda de viajes aéreos creció, también lo hicieron las aerolíneas. En la década de 1950, muchas de las aerolíneas más grandes del mundo, como American Airlines y British Airways, comenzaron a operar vuelos programados, lo que hizo que volar se convirtiera en una opción viable para el público en general. La apertura de nuevas rutas y el aumento de la frecuencia de vuelos contribuyeron a la popularidad de la aviación comercial. La introducción de tarifas más accesibles y paquetes turísticos también jugó un papel crucial en la democratización del viaje aéreo, permitiendo que más personas experimentaran la aviación.

El auge de la aviación comercial fue también impulsado por el crecimiento de la economía global en el período de posguerra. La reconstrucción de Europa y Japón, junto con el auge económico en Estados Unidos, llevó a un aumento en la movilidad de personas y mercancías. Las aerolíneas comenzaron a expandir sus operaciones internacionalmente, abriendo nuevas rutas intercontinentales que conectaban ciudades de todo el mundo. La aviación se convirtió en un facilitador clave para el comercio internacional, permitiendo que los bienes se trasladaran rápidamente de un lugar a otro y promoviendo un aumento en las relaciones comerciales y económicas entre países.

Otro factor importante en esta transición fue la creación de organismos internacionales y regulaciones que promovieron la aviación comercial. En 1944, se celebró la Conferencia de Chicago, donde se establecieron las bases para la Organización de Aviación Civil Internacional (OACI). Esta organización desempeñó un papel fundamental en la regulación del transporte aéreo y en la promoción de la seguridad en la aviación. La estandarización de las normas de operación y los requisitos de seguridad ayudó a generar confianza en los viajes aéreos y facilitó el crecimiento del sector.

A medida que la aviación comercial se expandía, se hizo evidente la necesidad de infraestructura adecuada para soportar el aumento del tráfico aéreo. Se llevaron a cabo importantes inversiones en aeropuertos, con la construcción y expansión de terminales y pistas para acomodar el creciente número de vuelos y pasajeros. Estos desarrollos no solo mejoraron la experiencia de los viajeros, sino que también crearon miles de empleos y contribuyeron a las economías locales.

La introducción del jet como tecnología clave en la aviación comercial en la década de 1960 marcó otro avance significativo. El Boeing 707, lanzado en 1958, revolucionó los viajes aéreos al permitir vuelos más rápidos y eficientes. La llegada de los aviones a reacción redujo los tiempos de vuelo y aumentó la capacidad de pasajeros, haciendo que viajar en avión fuera más atractivo y accesible para el público. Este avance impulsó aún más el crecimiento de la aviación comercial y ayudó a establecer rutas transoceánicas, conectando continentes de manera más efectiva.

Sin embargo, la transición a la aviación comercial también enfrentó desafíos. La competencia entre aerolíneas llevó a la necesidad de diferenciación, y muchas comenzaron a enfocarse en la calidad del servicio y la experiencia del pasajero. Las aerolíneas comenzaron a ofrecer clases de servicio diferenciadas, con mejoras en el confort, la gastronomía y el entretenimiento a bordo. Esto marcó el inicio de una cultura de atención al cliente en la aviación comercial que continúa hasta hoy.

A finales del siglo XX y principios del XXI, la aviación comercial se ha visto afectada por factores como la globalización, el aumento de la conectividad digital y los cambios en los patrones de consumo. Las aerolíneas han tenido que adaptarse a las expectativas de los viajeros modernos, quienes buscan opciones más flexibles y personalizadas. La introducción de aerolíneas de bajo costo ha cambiado aún más el panorama, ofreciendo tarifas reducidas y democratizando aún más el acceso a los viajes aéreos.

La transición a la aviación comercial en el período de posguerra fue un proceso dinámico que transformó el transporte aéreo en un componente fundamental de la economía global y la movilidad humana. Los avances tecnológicos, el crecimiento económico, la expansión de aerolíneas y la regulación internacional fueron factores clave que impulsaron este cambio. A medida que la aviación sigue evolucionando, continúa desempeñando un papel esencial en la conexión de personas y mercados en todo el mundo.

La Era del Jet

- ## La llegada de los aviones a reacción en los años 50

La llegada de los aviones a reacción en los años 50 marcó un cambio trascendental en la aviación comercial y militar, transformando la experiencia de volar y expandiendo las posibilidades del transporte aéreo. Este avance tecnológico no solo permitió vuelos más rápidos y eficientes, sino que también democratizó el acceso a los viajes aéreos, convirtiéndolos en una opción viable para un número cada vez mayor de personas.

Los aviones a reacción, que utilizan motores a reacción para generar empuje, ofrecían ventajas significativas sobre los aviones de hélice que habían dominado la aviación comercial hasta ese momento. La velocidad fue uno de los aspectos más notables de esta innovación. Los aviones a reacción podían alcanzar velocidades de crucero superiores a 500 millas por hora, lo que redujo considerablemente los tiempos de vuelo en comparación con sus predecesores. Este aumento en la velocidad hizo que rutas intercontinentales que antes tomaban horas o incluso días pudieran recorrerse en cuestión de horas, facilitando el comercio internacional y los viajes de negocios.

Uno de los hitos más emblemáticos en la historia de la aviación a reacción fue la introducción del Boeing 707, que realizó su primer vuelo en 1957 y entró en servicio en 1958. Este avión fue el primero en ofrecer un diseño de fuselaje ancho, permitiendo una mayor capacidad de pasajeros y una experiencia de vuelo más cómoda. El 707 estableció nuevos estándares en la aviación comercial, combinando velocidad, eficiencia y comodidad. Las aerolíneas comenzaron a ofrecer vuelos transatlánticos regulares, conectando ciudades como Nueva York y Londres de manera más rápida y accesible.

La llegada de los aviones a reacción también tuvo un impacto significativo en la industria de la aviación. Las aerolíneas invirtieron en nuevas flotas y modernizaron sus operaciones para adaptarse a las nuevas tecnologías. La competencia entre las aerolíneas se intensificó, lo que llevó a mejoras en la calidad del servicio y la experiencia del pasajero. A medida que más personas comenzaron a volar, la industria se vio impulsada por el aumento de la demanda de viajes aéreos, lo que a su vez estimuló la economía global.

El impacto de los aviones a reacción no se limitó a la aviación comercial; también transformaron la aviación militar. Durante la Guerra Fría, las fuerzas armadas comenzaron a incorporar aviones a reacción en sus flotas, lo que permitió a los países llevar a cabo misiones de reconocimiento y ataque a mayor velocidad y con mayor alcance. Aviones icónicos como el Boeing B-52 Stratofortress y el McDonnell Douglas F-4 Phantom II se convirtieron en símbolos de poder militar y tecnología avanzada.

Sin embargo, la introducción de los aviones a reacción también planteó nuevos desafíos, especialmente en términos de seguridad y medio ambiente. A medida que aumentaba el tráfico aéreo, surgieron preocupaciones sobre la congestión en los aeropuertos y los espacios aéreos. Además, la quema de combustibles fósiles en los motores a reacción generó emisiones contaminantes y ruido, lo que llevó a un mayor escrutinio sobre el impacto ambiental de la aviación. A medida que la conciencia ambiental creció, se inició un debate sobre la sostenibilidad de la aviación y la necesidad de desarrollar tecnologías más limpias.

La llegada de los aviones a reacción en los años 50 fue un punto de inflexión en la historia de la aviación. Este avance tecnológico revolucionó la forma en que volamos, permitió un crecimiento sin precedentes en la industria de la aviación y tuvo un impacto duradero en el transporte aéreo, la economía global y la seguridad.

A medida que la tecnología de la aviación continúa evolucionando, la era de los aviones a reacción seguirá siendo recordada como una época de innovación y transformación en el mundo de la aviación.

• Cambios en la industria de la aviación

Los cambios en la industria de la aviación han sido profundos y multifacéticos, reflejando avances tecnológicos, transformaciones en las regulaciones y cambios en las dinámicas económicas y sociales. Desde sus inicios hasta la actualidad, la industria ha evolucionado significativamente en varios aspectos, incluyendo la tecnología de las aeronaves, la expansión del mercado, la regulación y la atención al cliente.

Uno de los cambios más notables ha sido la evolución tecnológica de las aeronaves. Desde los primeros aviones de hélice hasta los modernos jets comerciales, la industria ha visto un avance constante en el diseño, la eficiencia y la seguridad de las aeronaves. Los aviones de fuselaje ancho, como el Boeing 747, introducidos en la década de 1970, permitieron un mayor número de pasajeros y un alcance intercontinental sin precedentes. Posteriormente, la introducción de aviones más eficientes en combustible, como el Boeing 787 Dreamliner y el Airbus A350, ha permitido a las aerolíneas reducir costos operativos y minimizar su huella de carbono.

La seguridad también ha mejorado considerablemente. A lo largo de los años, se han implementado estrictas regulaciones de seguridad a nivel mundial, en respuesta a incidentes y ataques terroristas. La creación de la Organización de Aviación Civil Internacional (OACI) y la adopción de normas internacionales han llevado a una estandarización en la seguridad de la aviación, garantizando que las aerolíneas operen bajo protocolos de seguridad rigurosos. Esto ha contribuido a que volar se convierta en uno de los medios de transporte más seguros del mundo.

En términos de mercado, la globalización ha tenido un impacto significativo en la industria de la aviación. Las aerolíneas han expandido sus operaciones más allá de sus fronteras nacionales,

Aviación Moderna

- ## Tecnologías actuales: aviónica, materiales compuestos, y sostenibilidad

Las tecnologías actuales en la aviación están revolucionando la forma en que se diseñan, construyen y operan las aeronaves. Tres áreas clave que han experimentado avances significativos son la aviónica, el uso de materiales compuestos y la sostenibilidad. Estos desarrollos no solo mejoran la eficiencia y la seguridad, sino que también abordan preocupaciones ambientales cada vez más urgentes en la industria.

La aviónica, que se refiere a la electrónica de los aviones, ha avanzado de manera notable en las últimas décadas. Los sistemas de aviónica modernos integran una variedad de tecnologías que facilitan el control y la navegación de las aeronaves. Los aviones de hoy en día cuentan con sistemas avanzados de gestión de vuelo, que utilizan datos en tiempo real para optimizar el rendimiento del avión y mejorar la seguridad. Por ejemplo, los sistemas de navegación por satélite, como el GPS, permiten a los pilotos determinar con precisión su ubicación y seguir rutas óptimas, minimizando el tiempo de vuelo y el consumo de combustible. Además, la automatización en los cockpits ha aumentado, reduciendo la carga de trabajo de los pilotos y permitiendo que se concentren en la supervisión de los sistemas del avión y la toma de decisiones críticas.

Los sistemas de comunicación también han evolucionado, permitiendo una mejor conexión entre las aeronaves y los controladores de tráfico aéreo. Las tecnologías de comunicación satelital y de datos permiten el intercambio de información en tiempo real, lo que contribuye a una mayor eficiencia en la gestión del tráfico aéreo y reduce el riesgo de congestión en los aeropuertos. En conjunto, estos avances en aviónica han mejorado la seguridad de los vuelos y han hecho que la operación de aeronaves sea más eficiente.

El uso de materiales compuestos es otra innovación significativa en la industria de la aviación. Tradicionalmente, los aviones estaban construidos principalmente con aluminio, un material ligero pero que presenta limitaciones en cuanto a la resistencia y la durabilidad. Los materiales compuestos, que combinan fibras de refuerzo con una matriz polimérica, ofrecen una combinación superior de ligereza y resistencia. Estos materiales son más resistentes a la corrosión, lo que reduce la necesidad de mantenimiento frecuente y extiende la vida útil de las aeronaves. El Boeing 787 Dreamliner, por ejemplo, utiliza materiales compuestos en más del 50% de su estructura, lo que no solo contribuye a reducir el peso, sino que también mejora la eficiencia del combustible.

Además de su rendimiento técnico, los materiales compuestos también tienen un impacto en la sostenibilidad. Al ser más ligeros, los aviones fabricados con estos materiales consumen menos combustible, lo que se traduce en menores emisiones de gases de efecto invernadero. Este enfoque hacia la reducción de la huella de carbono es cada vez más crucial en la industria de la aviación, que busca adaptarse a la creciente presión pública y regulatoria para operar de manera más sostenible.

La sostenibilidad es, de hecho, un tema central en la actualidad de la aviación. La industria enfrenta el desafío de reducir su impacto ambiental, y esto ha llevado a un enfoque renovado en la investigación y desarrollo de tecnologías más limpias. Las aerolíneas están explorando el uso de biocombustibles y combustibles sintéticos que, aunque se desarrollan a partir de fuentes renovables, tienen el potencial de reducir significativamente las emisiones de carbono en comparación con los combustibles fósiles convencionales. Estos biocombustibles pueden ser utilizados en motores de aeronaves existentes sin requerir modificaciones significativas, lo que permite una transición más rápida hacia prácticas más sostenibles.

Además, las empresas están investigando tecnologías de aviones eléctricos e híbridos que podrían transformar la aviación regional y local. Aunque aún se están desarrollando, estos aviones prometen ofrecer vuelos más silenciosos y limpios, especialmente en áreas urbanas donde la contaminación acústica y ambiental es una preocupación creciente. La introducción de estos vehículos aéreos eléctricos no solo podría reducir la huella de carbono de la aviación, sino que también podría abrir nuevas oportunidades para el transporte aéreo urbano, facilitando la movilidad en las ciudades.

Las tecnologías actuales en la aviación, que abarcan desde la aviónica avanzada y los materiales compuestos hasta las iniciativas de sostenibilidad, están configurando un futuro más eficiente y responsable para la industria. A medida que se enfrentan a desafíos ambientales y de seguridad, las innovaciones continúan desempeñando un papel crucial en la evolución de la aviación, garantizando que siga siendo un motor vital de la economía global y un medio de conexión entre personas y lugares en todo el mundo.

• La evolución de los aeropuertos y la gestión del tráfico aéreo

La evolución de los aeropuertos y la gestión del tráfico aéreo han sido fundamentales para el crecimiento y desarrollo de la aviación moderna. Desde sus humildes inicios hasta convertirse en complejos multimillonarios, los aeropuertos han transformado la forma en que los pasajeros y la carga se mueven por el mundo. Al mismo tiempo, la gestión del tráfico aéreo ha tenido que adaptarse a estos cambios, garantizando la seguridad y la eficiencia en un entorno cada vez más congestionado.

Los aeropuertos comenzaron como simples campos de aterrizaje, muchas veces improvisados, donde los aviones podían despegar y aterrizar. Sin embargo, con el aumento del tráfico aéreo en las décadas de 1920 y 1930, surgió la necesidad de infraestructuras más sofisticadas. Los primeros aeropuertos estaban equipados con pistas de aterrizaje de tierra y edificios rudimentarios para el servicio de pasajeros. A medida que la aviación comercial se expandía, los aeropuertos evolucionaron hacia instalaciones más complejas, que incluían terminales de pasajeros, hangares para el mantenimiento de aeronaves y torres de control.

Durante la Segunda Guerra Mundial, la construcción de aeropuertos y bases aéreas se aceleró, y esta expansión continuó en las décadas posteriores. Los aeropuertos comenzaron a incorporar características modernas, como pistas de asfalto, sistemas de iluminación para vuelos nocturnos y, más tarde, tecnología avanzada para la gestión del tráfico aéreo. La modernización de las instalaciones se volvió crucial no solo para atender el crecimiento del tráfico aéreo, sino también para mejorar la experiencia del pasajero, con áreas de espera cómodas, servicios de restauración y tiendas.

Con el crecimiento exponencial del tráfico aéreo a partir de la década de 1950, la gestión del tráfico aéreo se convirtió en una prioridad. Los primeros sistemas de control del tráfico aéreo eran bastante rudimentarios y dependían de la comunicación por radio y del uso de visibilidad visual. Sin embargo, a medida que el número de vuelos aumentaba, la necesidad de un sistema más eficiente y seguro se hizo evidente. En respuesta, se implementaron tecnologías de radar que permitieron un seguimiento más preciso de las aeronaves en el espacio aéreo, mejorando la seguridad y la gestión del tráfico.

La llegada de los sistemas de navegación por satélite, como el GPS, ha revolucionado la gestión del tráfico aéreo. Estos sistemas han permitido a los controladores de tráfico aéreo monitorear las aeronaves con una precisión sin precedentes, optimizando las rutas de vuelo y reduciendo la congestión. Además, el uso de sistemas de gestión de tráfico aéreo basados en datos ha permitido una mejor planificación y ejecución de las operaciones aéreas, facilitando la coordinación entre diferentes aeropuertos y compañías aéreas.

La globalización y el aumento de la competencia en la industria de la aviación han llevado a una mayor interconexión entre aeropuertos en todo el mundo. Hoy en día, los aeropuertos actúan como centros neurálgicos que conectan múltiples destinos, y su eficiencia es crucial para el éxito de las aerolíneas. La planificación de los aeropuertos ha evolucionado para incluir terminales intermodales que facilitan la transferencia de pasajeros entre diferentes medios de transporte, como trenes, autobuses y taxis, mejorando la experiencia general del viajero.

En la actualidad, los aeropuertos no son solo puntos de tránsito, sino que se han convertido en espacios comerciales y de ocio. Muchos aeropuertos han incorporado áreas comerciales, restaurantes y lounges para ofrecer una experiencia más atractiva a los pasajeros. Esta transformación ha llevado a la creación de aeropuertos más sostenibles y adaptados a las necesidades del viajero moderno, que busca comodidad y eficiencia.

Sin embargo, la industria de la aviación enfrenta desafíos en la gestión del tráfico aéreo y el diseño de aeropuertos. El aumento del tráfico aéreo, la necesidad de reducir las emisiones de carbono y la creciente preocupación por la seguridad requieren una continua innovación y adaptación en estos sectores. Los aeropuertos están explorando tecnologías emergentes, como la inteligencia artificial y la automatización, para mejorar la gestión del tráfico aéreo y optimizar las operaciones en tierra. La implementación de sistemas de gestión de tráfico aéreo más avanzados, que integren datos en tiempo real de múltiples fuentes, promete mejorar la seguridad y la eficiencia operativa.

La evolución de los aeropuertos y la gestión del tráfico aéreo ha sido un proceso dinámico que refleja los cambios en la industria de la aviación y las necesidades de los pasajeros. A medida que la demanda de viajes aéreos continúa creciendo, es esencial que los aeropuertos y los sistemas de gestión del tráfico aéreo sigan innovando para garantizar la seguridad, la eficiencia y la sostenibilidad en el futuro de la aviación. La integración de nuevas tecnologías y la adaptación a las tendencias emergentes serán clave para enfrentar los desafíos del siglo XXI en la aviación global.

El Futuro de la Aviación

- ## Proyectos de aviones eléctricos y drones

La evolución de la tecnología en la aviación ha llevado al desarrollo de proyectos de aviones eléctricos y drones, que representan un cambio significativo en la forma en que se concibe el transporte aéreo. Estos avances no solo abordan la necesidad de reducir la huella de carbono y mejorar la sostenibilidad, sino que también abren nuevas oportunidades para la movilidad y la logística en el siglo XXI.

Los aviones eléctricos están diseñados para funcionar con motores eléctricos en lugar de motores de combustión interna. Estos aviones, que pueden ser de distintas dimensiones y configuraciones, se alimentan principalmente de baterías recargables. La investigación y el desarrollo en esta área han crecido exponencialmente en los últimos años, impulsados por la necesidad de una aviación más sostenible y la búsqueda de alternativas a los combustibles fósiles.

Uno de los proyectos más destacados en el ámbito de la aviación eléctrica es el **Alice**, un avión de pasajeros totalmente eléctrico desarrollado por la compañía israelí **Eviation Aircraft**. Este avión está diseñado para realizar vuelos cortos y regionales, con una capacidad para hasta nueve pasajeros. Su autonomía de vuelo se estima en aproximadamente 1.000 kilómetros, lo que lo convierte en una opción viable para rutas cortas. Alice utiliza tecnología de propulsión eléctrica, que reduce significativamente las emisiones de carbono en comparación con los aviones tradicionales. El objetivo de este y otros proyectos similares es transformar la aviación regional, haciendo que los vuelos sean más accesibles y menos contaminantes.

Además de aviones eléctricos, los **drones** han emergido como una de las innovaciones más emocionantes en el transporte aéreo. Originalmente desarrollados para aplicaciones militares, los drones ahora se utilizan en una variedad de campos, incluidos la entrega de productos, la fotografía aérea, la agricultura y la supervisión de infraestructuras. Estos vehículos no tripulados son versátiles y pueden ser programados para realizar tareas específicas de manera autónoma, lo que los convierte en herramientas valiosas para empresas y gobiernos.

Uno de los usos más prometedores de los drones es en la logística y la entrega de paquetes. Empresas como **Amazon** y **UPS** están explorando la entrega mediante drones como una forma de mejorar la eficiencia y reducir los tiempos de entrega. El sistema de entrega de drones de Amazon, conocido como **Prime Air**, busca entregar paquetes en cuestión de minutos utilizando drones autónomos. Este enfoque tiene el potencial de transformar el comercio minorista al permitir que los consumidores reciban productos de manera rápida y conveniente, al tiempo que reduce el tráfico en las carreteras.

Los drones también están revolucionando la agricultura. Con la capacidad de volar sobre vastas extensiones de tierra, los drones equipados con sensores y cámaras pueden recopilar datos sobre el estado de los cultivos, monitorizar la salud del suelo y optimizar el uso de recursos como el agua y los fertilizantes. Esto permite a los agricultores tomar decisiones informadas y aumentar la eficiencia en la producción agrícola, lo que es fundamental para satisfacer la creciente demanda de alimentos en un mundo en expansión.

Otro ámbito en el que los drones están teniendo un impacto significativo es en la inspección y supervisión de infraestructuras. Las empresas están utilizando drones para inspeccionar puentes, edificios y redes eléctricas, lo que no solo mejora la seguridad al reducir la necesidad de trabajos en altura, sino que también ahorra tiempo y costos. Estos drones pueden acceder a áreas de difícil alcance y proporcionar datos precisos y en tiempo real sobre el estado de las estructuras, facilitando un mantenimiento proactivo.

A pesar de las promesas y ventajas de los aviones eléctricos y los drones, también existen desafíos que deben abordarse. La duración de la batería sigue siendo una limitación importante para los aviones eléctricos, ya que la tecnología de baterías actual no puede competir completamente con la densidad energética de los combustibles fósiles. Las investigaciones continúan en la búsqueda de soluciones innovadoras, como baterías de estado sólido y sistemas de carga rápida, que podrían mejorar significativamente la autonomía y eficiencia de estos aviones.

En el caso de los drones, la regulación es un aspecto crítico que debe ser considerado. La creciente popularidad de los drones ha llevado a la necesidad de establecer marcos regulatorios que aseguren la seguridad del espacio aéreo y la privacidad de las personas. Los organismos de aviación de muchos países están trabajando para desarrollar regulaciones que permitan la operación segura de drones, especialmente en entornos urbanos, donde el tráfico aéreo se vuelve más complejo.

Los proyectos de aviones eléctricos y drones están marcando un nuevo capítulo en la historia de la aviación, ofreciendo soluciones innovadoras para la movilidad y el transporte. A medida que la tecnología avanza, estos desarrollos no solo prometen mejorar la sostenibilidad de la industria, sino que también abrirán nuevas oportunidades en logística, agricultura y más. Sin embargo, para que estos avances se materialicen plenamente, será necesario abordar desafíos técnicos y regulatorios que asegurarán un futuro seguro y eficiente para la aviación moderna.

- # La exploración del espacio y la aviación suborbital

La exploración del espacio y la aviación suborbital han cobrado relevancia en las últimas décadas, marcando una nueva era en la aviación y el transporte humano. Estos avances no solo han ampliado nuestras fronteras tecnológicas, sino que también han inspirado un renovado interés en la exploración espacial y el turismo suborbital. A medida que las empresas privadas y los gobiernos intensifican sus esfuerzos en estos campos, las posibilidades parecen ilimitadas.

La aviación suborbital se refiere a vuelos que alcanzan altitudes superiores a los 100 kilómetros, donde la atmósfera se vuelve tan delgada que se considera que se ha ingresado al espacio, aunque la nave no logre completar una órbita completa alrededor de la Tierra. Esta forma de vuelo ha ganado notoriedad gracias a la participación de compañías como **Virgin Galactic**, **Blue Origin** y **SpaceX**, que están desarrollando tecnologías y vehículos para hacer posible el turismo espacial y la investigación científica.

Virgin Galactic, fundada por Richard Branson, ha sido pionera en la aviación suborbital comercial. Su nave espacial, **VSS Unity**, está diseñada para llevar a seis pasajeros a una altitud de aproximadamente 86 kilómetros. El vuelo de VSS Unity es un emocionante viaje que incluye un breve período de ingravidez y vistas espectaculares de la Tierra. Desde su primer vuelo exitoso con un equipo de prueba en 2018, Virgin Galactic ha realizado varias misiones, marcando un hito en la posibilidad de que los civiles experimenten la emoción del vuelo espacial.

Por otro lado, **Blue Origin**, fundada por Jeff Bezos, ha desarrollado el cohete **New Shepard**, que también está diseñado para vuelos suborbitales. New Shepard lleva a los pasajeros a una altitud similar, permitiendo un breve momento de ingravidez. En julio de 2021, Blue Origin llevó a cabo un vuelo histórico con su primera tripulación completa, que incluía al propio Bezos, un evento que simboliza el comienzo del turismo espacial comercial.

La exploración suborbital no se limita únicamente al turismo. También ofrece oportunidades significativas para la investigación científica. Los vuelos suborbitales permiten a los científicos realizar experimentos en condiciones de microgravedad durante unos minutos, lo que sería imposible en un entorno terrestre. Estos experimentos pueden abarcar diversas áreas, desde biología y medicina hasta física y materiales. La NASA y otras organizaciones están colaborando con empresas privadas para llevar a cabo investigaciones en estas condiciones únicas, lo que proporciona un acceso valioso a datos que pueden impulsar la ciencia y la tecnología.

El interés en la exploración del espacio también ha llevado al desarrollo de vehículos que pueden realizar vuelos orbitales. **SpaceX**, fundada por Elon Musk, ha cambiado la dinámica del transporte espacial con su cohete **Falcon 9** y la nave **Crew Dragon**. Si bien su enfoque inicial estuvo en llevar astronautas y carga a la Estación Espacial Internacional (ISS), SpaceX ha ampliado sus objetivos para incluir misiones a la Luna y Marte. La compañía también ha desarrollado el concepto de **Starship**, una nave diseñada para llevar a humanos a Marte y más allá.

La aviación suborbital representa un paso importante hacia el futuro de la exploración espacial. A medida que la tecnología avanza, los costos de acceso al espacio están disminuyendo, lo que puede abrir oportunidades para una variedad de misiones, tanto científicas como comerciales. Por ejemplo, se prevé que la industria del turismo espacial crezca significativamente, con millones de personas interesadas en experimentar vuelos suborbitales en los próximos años.

Sin embargo, estos desarrollos no están exentos de desafíos. La regulación del espacio aéreo y la seguridad de los vuelos suborbitales son cuestiones críticas que deben abordarse. Los gobiernos y las agencias espaciales están trabajando para establecer marcos regulatorios que garanticen la seguridad de los pasajeros y la protección del medio ambiente, mientras se fomenta la innovación y el crecimiento de la industria espacial.

En conclusión, la exploración del espacio y la aviación suborbital están en la cúspide de un nuevo paradigma en la aviación moderna. A medida que empresas privadas y gobiernos continúan explorando las fronteras del espacio, las posibilidades para la investigación, el turismo y la expansión de la humanidad en el cosmos son cada vez más tangibles. La integración de la aviación suborbital en el panorama más amplio de la exploración espacial marca un emocionante capítulo en la historia de la aviación, con el potencial de transformar nuestra comprensión del espacio y nuestro lugar en él.

Conclusión

- Reflexiones sobre el impacto social, económico y cultural de la aviación

La aviación ha sido un motor de cambio significativo en la sociedad moderna, influyendo en aspectos sociales, económicos y culturales de una manera que pocos otros avances tecnológicos han logrado. Desde sus inicios hasta la actualidad, la capacidad de volar ha transformado la forma en que las personas se relacionan, cómo se desplazan y cómo interactúan con el mundo. Este impacto es evidente en diversos niveles, desde las comunidades locales hasta la economía global.

En el ámbito **social**, la aviación ha reducido las distancias y el tiempo de viaje, facilitando la conexión entre personas y culturas.

Antes de la llegada de los vuelos comerciales, viajar de un país a otro era una tarea ardua y prolongada. Hoy en día, una persona puede abordar un avión en una ciudad y llegar a otra parte del mundo en cuestión de horas. Esta accesibilidad ha permitido que las familias y los amigos se reúnan con mayor frecuencia, así como también ha facilitado el intercambio de ideas y la colaboración internacional. La aviación ha democratizado el turismo, permitiendo que más personas exploren nuevas culturas, lo que fomenta un entendimiento mutuo y un sentido de globalización.

Sin embargo, el acceso a la aviación también ha planteado desafíos. La movilidad global ha contribuido a la propagación de enfermedades y ha llevado a la creciente preocupación por el impacto ambiental de la aviación, especialmente en términos de emisiones de gases de efecto invernadero. Estos aspectos han generado debates sobre la sostenibilidad de la aviación y la necesidad de equilibrar el progreso social con la responsabilidad ambiental.

Desde una perspectiva **económica**, la aviación ha sido fundamental para el desarrollo de industrias enteras. Ha impulsado el crecimiento del turismo, creando millones de empleos en sectores relacionados, como la hostelería, el transporte y la gastronomía. Además, las aerolíneas generan una gran cantidad de ingresos y contribuyen significativamente a las economías nacionales. Las ciudades que cuentan con aeropuertos internacionales suelen experimentar un crecimiento económico más rápido, ya que se convierten en centros de comercio y negocios. La aviación también facilita el comercio internacional, permitiendo que bienes y productos sean transportados rápidamente entre mercados, lo que fomenta la competitividad y la innovación en la economía global.

No obstante, la industria de la aviación ha enfrentado desafíos económicos, especialmente en tiempos de crisis, como la pandemia de COVID-19, que tuvo un impacto devastador en el sector. Muchas aerolíneas se vieron obligadas a cerrar o reducir sus operaciones, lo que resultó en la pérdida de empleos y el debilitamiento de las economías locales dependientes del turismo.

La recuperación del sector ha sido un proceso largo y complicado, lo que subraya la vulnerabilidad de la industria ante factores externos.

En el ámbito **cultural**, la aviación ha permitido un intercambio cultural sin precedentes. Los viajes internacionales han facilitado la difusión de tradiciones, lenguas y prácticas culturales, enriqueciendo las sociedades en las que las personas interactúan. Este cruce de culturas ha influido en la música, la moda, la gastronomía y el arte, creando un mundo más diverso y conectado. Además, la aviación ha hecho posible la celebración de eventos internacionales, como los Juegos Olímpicos y conferencias globales, donde las naciones pueden compartir sus logros y colaborar en desafíos comunes.

Sin embargo, el aumento del turismo y la globalización también ha generado tensiones culturales. Las comunidades locales a menudo enfrentan la presión de adaptarse a las demandas de los turistas, lo que puede conducir a la pérdida de identidades culturales y a la comercialización de tradiciones. Esta tensión plantea la necesidad de un enfoque sostenible y respetuoso hacia el turismo, donde la autenticidad cultural se valore y proteja.

Reflexionando sobre el impacto de la aviación, es evidente que ha transformado el mundo de maneras profundas y complejas. Su capacidad para unir a las personas y las economías es innegable, pero también conlleva responsabilidades significativas. A medida que avanzamos hacia el futuro, es crucial que la industria de la aviación aborde los desafíos sociales, económicos y culturales que enfrenta, buscando un equilibrio entre el progreso y la sostenibilidad. Al hacerlo, la aviación puede continuar siendo un vehículo de conexión y oportunidad, promoviendo un mundo más interconectado y equitativo.

www.ingramcontent.com/pod-product-compliance
Lightning Source LLC
Chambersburg PA
CBHW070414230526
45471CB00006B/2797